Sven-David Müller

Ernährungsmedizin und Diätetik in der Prävention und Therapie des Diabetes mellitus Typ 1 und Typ 2

Richtig essen für mehr Gesundheit

GRIN Verlag

Bibliografische Information der Deutschen Nationalbibliothek:

Die Deutsche Bibliothek verzeichnet diese Publikation in der Deutschen Nationalbibliografie; detaillierte bibliografische Daten sind im Internet über http://dnb.d-nb.de/ abrufbar.

Impressum:

Druck und Bindung: Books on Demand GmbH, Norderstedt Germany
ISBN: 978-3-640-83077-0

Dieses Buch bei GRIN:

http://www.grin.com/de/e-book/166778/ernaehrungsmedizin-und-diaetetik-in-der-praevention-und-therapie-des-diabetes

Ernährungsmedizin und Diätetik in der Prävention und Therapie des Diabetes mellitus Typ 1 und Typ 2 - Richtig essen für mehr Gesundheit

von Sven-David Müller, M.Sc., Diätassistent und Diabetesberater DDG

Einleitung: Diabetes mellitus (= honigsüßes Hindurchfliessen) ist eine chronische Stoffwechselerkrankung, die nach WHO-Klassifikation in Typ 1 (= Beta-Zell-Zerstörung mit absolutem Insulinmangel), Typ 2 (Insulinresistenz und/oder Defekt der Beta-Zell-Insulinsekretion), andere Formen des Diabetes mellitus (Genetische Defekte der Beta-Zell-Funktion, Genetische Defekte der Insulinwirkung, Erkrankung des Pancreas, Endokrinopathien, Medikamenten- oder chemikalieninduzierte Formen, Infektionen, seltene Formen und andere genetische Syndrome, die mit einem Diabetes mellitus assoziiert sein können) sowie Schangerschaftsdiabetes mellitus eingeteilt wird. Kardinalsymptom des Diabetes mellitus ist eine Hyperglykämie. Ein Diabetes mellitus liegt vor, wenn der Blutglucosespiegel nüchtern gemessen wiederholt über 126 mg/dl (= > 7 mmol/l) im venösen Plasma beträgt. Bei einem oralen Glucosetoleranztest (= 75 g Glucose) übersteigt der Blutglucosespiegel nach 2 Stunden 200 mg/dl (= > 11,1 mmol/l). Bei Diabetikern kommt es zu einem absoluten Insulinmangel (= Typ 1 Diabetes mellitus) oder einer Insulinresistenz beziehungsweise vielmehr einer Störung der Insulinwirkung an den Zielzellen (= Typ 2 Diabetes mellitus). Rund 95 Prozent (Tendenz steigend) der Diabetiker leiden an Typ 2 Diabetes mellitus. Insulin hat auf viele Stoffwechselprozesse Einfluss. Es ist ein anaboles Hormon, dass auch zur Hyperphagie führen kann. Das Auftreten des Typ 1 Diabetes mellitus wird durch Risikogene begünstigt. Der Typ 2 Diabetes mellitus tritt in 2/3 der Fälle familiär gehäuft auf. Die Insulinresistenz der Muskelzellen und eine gestörte postprandiale Insulinsekretion prädisponiert zur Entwicklung des Diabetes mellitus Typ 2.

Anabole und antikatabole Wirkung des Peptidhormons Insulin:

- Stimulation der Triglyzerid- und Fettsäuresynthese
- Stimulation der Glykogensynthese
- Stimulation der Proteinsynthese
- Hemmung der Lipolyse
- Hemmung der Proteolyse
- (Hemmung der Glukoneogenese)

Im Rahmen der Entstehung eines Typ 2 Diabetes mellitus geht diesem im Rahmen des metabolischen Syndroms oftmals eine pathologische Glucosetoleranz voraus. Diese liegt vor, wenn der Nüchternblutglucosespiegel oberhalb 110 mg/dl (= > 6,1 mmol/l) liegt. Da Umweltfaktoren (Western diet, Bewegungsarmut) einen entscheidenden Beitrag in der Entstehung des Diabetes mellitus Typ 2 leisten, lässt sich für diese Erkrankung eine Präventionsstrategie entwickeln. Die Prävalenz des Typ 2 Diabetes mellitus nimmt im Vergleich zum Typ 1 Diabetes mellitus in den Nationen der ersten Welt sowie der Schwellenländer deutlich zu. Übergewicht und besonders Adipositas sind die größten Risikofaktoren für die Manifestation des Typ 2 Diabetes mellitus (Chan, 1997, Diabetes Care; Colditz, 1995 Ann Intern Med). Alamierend ist, dass Typ 2 Diabetes mellitus, der sich normalerweise erst im fortgeschrittenen Alter manifestiert inzwischen auch bei Kindern und Jugendlichen vorkommt. Menschen mit einer androiden Fettverteilung – genauer abdominellem Fett – haben ein besonders hohes Risiko für einen Typ 2 Diabetes mellitus. Dies ist insbesondere darauf zurückzuführen, dass dieses Fettgewebe besonders stoffwechselaktiv ist.

Negative Nahrungsfaktoren:

- Förderung der Entstehung des Diabetes mellitus Typ 2
- Behinderung der Stoffwechselkompensation bei Diabetes mellitus Typ 1 und 2
- Begünstigung des Auftretens und der Progression von Folgeschäden

Der Typ 1 Diabetes mellitus zählt zu den Autoimmunerkrankungen. Daher sind die Präventivmaßnahmen möglich aber noch wenig erfolgversprechend. Da nur 0,3 Prozent der deutschen Bevölkerung an Typ 1 Diabetes mellitus (= 246.000 Menschen) leiden, wäre eine Prävention dieses Diabetestypus gesundheitspolitisch kaum zielführend. Es ist bisher unbekannt, ob es einen exogenen Trigger für den Diabetes mellitus Typ 1 gibt. Trotzdem ist deutlich, dass Diabetes mellitus gehäuft in Infektionszeiten vorkommt. Auch zeigt sich, dass eine frühe Exposition mit Nahrungsproteinen die Wahrscheinlichkeit der Entstehung eines Typ 1 Diabetes mellitus erhöht. Eine mangelhafte Vitamin D Versorgung erscheint gleichfalls als wichtiger Faktor in der Entstehung dieser Diabetesform.

Prophylaxe des Typ 1 Diabetes mellitus:

- Genetik/Gentherapie
- Infektionen/Impfung
- Nahrungsproteine/Stillen
- Optimale Vitamin D-Versorgung

Eine verbesserte Blutglucoseeinstellung reduziert die Folgeschäden des Diabetes mellitus an den großen und kleinen Gefäßen, Augen, Nieren und Nerven. Die Interventionsstudie United Kingdom Prospektive Diabetes Study (UKPDS) zeigt dies bei 5102 Typ 2 Diabetikern. Die große amerikanische Studie bei mehr als 1400 Typ 1 Diabetikern (DCCT) belegt den Nutzen der strikten intensivierten Insulintherapie bei der Prävention microvaskulärer und nervaler Folgeschäden des Diabetes (Zitat: H. Mehnert und F. Schulz, in: Diabetologie in Klinik und Praxis). Eine hohe Aufnahme gesättigter Fettsäuren führt zur Insulinresistenz. Ein regelmäßiger Fischverzehr (Omega-3-Fettsäuren) vermindert das Risiko eine pathologische Glucosetoleranz zu entwickeln um 50 Prozent. Eine ballaststoffreiche Ernährung verringert das Diabetesrisiko. Vage Hinweise auf weitere Nahrungsinhaltsstoffe gibt es für Chrom, Zink, Magnesium, Vitamin E und D (bei Typ 1 Diabetes mellitus). Das Typ 1 Erkrankungsrisiko scheint zu steigen, wenn eine Kuhmilchaufnahme vor dem 3. bis 4. Monat erfolgt. Eine lange Stillzeit, eine ausreichende Vitamin D-Zufuhr und eine proteinärmere Kost in den ersten Lebensjahren sind scheinbar (schwach) protektiv.

Jährliche Folgen des Diabetes mellitus:

- Mind. 90.000 Herzinfarkte,
- Mind. 7.000 Erblindungen (diabetische Retinopathie),
- Mind. 23.000 Fußamputationen (diabetisches Fußsyndrom, diabetische Neuropathie) und
  9.000 Nierenversagen (diabetische Nephropathie).

Das Ess- und Trinkverhalten gehört zu den stabilsten menschlichen Verhaltensweisen. Das Ess- und Trinkverhalten kann nur im Rahmen eines langfristigen Lernprozesses geändert werden. Der Kunde muss die persönlichen Nutzen und Vorteile einer Ernährungsumstellung vermittelt bekommen. Spricht der Berater aber von Risiken oder Gefahren, stößt er auf Ablehnung und die Beratung ist zum Scheitern verurteilt. Erfolgreiche Diät- und Ernährungsberatungen sind keine Instruktion des Kunden über die Grundprinzipien der bedarfsgerechten Ernährung. Erfolgreiche Diät- und Ernährungsberatungen sind wiederholte Kommunikation über Essen und Trinken aus Kundensicht mit Vorschlägen von Alternativen in kleinen, vom Kunden auch tatsächlich umsetzbaren Schritten. Die Schritte müssen klein sein, um Misserfolge beim Kunden vermeidbar zu machen. Nur kleine Schritte führen zum Erfolg. Rigide Maßnahmen und Kontrollen blockieren ein gewünschtes Verhalten völlig. Die geringste Verletzung der starren Regeln läßt das gesamte Kontrollsystem zusammenbrechen. Es kommt danach zur Gegenregulation. Flexible Kontrollen und Maßnahmen hingegen schränken den Verhaltensspielraum des Kunden weniger ein und ermöglichen eine Ernährungsumstellung.

Ernährungserziehung - Leitziele (modifiziert nach B. Methfessel, Heidelberg):

traditionell	**neue Ansätze**
Gesundes Ernährungsverhalten	Selbstentscheidendes, bewußtes Ess- und Trinkverhalten
falsch / richtig	günstig / ungünstig
normativ	emanzipatorisch
fremdbestimmt, wertorientiert, gesellschaftlich	eigenverantwortlich selbstbestimmt, subjektiv wertorientiert

Ernährungserziehung - Methodik und Didaktik (modifiziert nach B. Methfessel, Heidelberg):

pauschal	**individuell**
Systematisch, wissenschaftlich orientierte Lehrgänge	Exemplarisches Lehren und Lernen
wissenschaftsorientierte (Sachstruktur) Wissensvermittlung (Ernährungslehre, Diätetik, Nährstoffe, Kalorien, Tageskostpläne ...)	Kundenorientiert, Handlungsorientiert Wissenschaft dient über den Berater als Informationsgeber (Orientierungs- und Entscheidungshilfen)
gute Ratschläge (im Alltag in der Regel kaum anwendbar)	konkretes Ausprobieren, Handeln lernen und hoher Alltagsbezug

Rund die Hälfte der Bevölkerung in Deutschland ist übergewichtig. Der Durchschnitts-BMI in Deutschland liegt bei 27. Jedes 4. eingeschulte Kind ist adipös und 80 Prozent der adipösen Jugendlichen werden auch zu adipösen Erwachsenen. Von 1984 bis 1991 nahm die Zahl der Adipösen in Deutschland um 12 Prozent zu.

Body Mass Index – Klassen nach Geschlecht und Ost/West – Zugehörigkeit

	Ost		**West**	
BMI – Wert (kg/m^2)	Männer Prozent	**Frauen** Prozent	Männer Prozent	Frauen Prozent
< 20	2,8	5,7	1,9	6,8
20 – 25	31,1	37,4	31,3	41,1
25 - < 30	45,1	32,4	48,7	31,1
30 - < 40	20,5	23,1	17,6	19,3
≥ 40	0,4	1,4	0,7	1,8
Σ BMI ≥ 25	66,0	56,9	67,0	52,2

Die tägliche Energiezufuhr in Deutschland liegt laut Ernährungsbericht der Deutschen Gesellschaft für Ernährung (DGE) e.V., Frankfurt am Main, bei rund 3.000 Kilokalorien, wobei der größte energetische Anteil den statistisch täglich aufgenommenen 130-140 Gramm Fett und 100 Gramm Zucker entstammt. Zusätzlich konsumiert der Durchschnittsdeutsche jährlich unglaubliche 11,8 Liter Alkohol (138 Liter Bier, 24 Liter Wein und Sekt sowie 6 Liter Spirituosen). Diese Faktoren fördern die Entwicklung des Typ 2 Diabetes mellitus. Die Prävention erfordert eine angepasste Ernährungsweise. Bisher sind alle Maßnahmen zur Veränderung des Ernährungsverhaltens weitgehend gescheitert. Diätassistenten und Diplom Oecotrophologen müssen akzeptieren, dass eine Änderung des Ernährungsverhaltens und eine Information über die Einhaltung von Ernährungsregeln nicht aufgrund rationaler Empfehlungen erfolgen kann. Das Ernährungsverhalten wird nicht maßgeblich rational bestimmt. Die erfolgreiche Patientenführung ist die dialogorientierte Information. Die Kunden der Diät- und Ernährungsberatung haben ein Anrecht auf Information und die Ablehnung von Informationen. Oftmals besteht bei Diätassistenten und Diplom Oecotrophologen leider der Wunsch nach reiner Wissensvermittlung. In vielen Fällen ist die Beratung nicht dialog- und anwendungsorientiert. Eine wissenschaftliche Beratung ist in vielen Fällen nicht angezeigt. Diätassistenten und Diplom Oecotrophologen stoßen auf "taube Ohren", wenn Sie auf den Patienten einreden, um ihm Auskunft zu erteilen. Erfolgversprechender ist das Anregen zur Aktion.

Diabetes-Screening bei allen Personen > 45 Jahre (bei Normalbefund Wiederholung nach 3 Jahren) oder jüngeren Personen, wenn:

- BMI > 27
- Familienanamnese Diabetes (1.gradig Verwandter)
- Geburt eines Kindes > 4000 g oder Gestationsdiabetes
- Blutdruck > 140/90 mmHg
- Fettstoffwechselstörung mit HDL unter 35 mg/dl und/oder Triglyzeride ab 250 mg/dl

Nichts ist schwerer zu ertragen als eine Reihe von guten Tagen, Wilhelm Busch
Laß Deine Nahrung die Medizin und Deine Medizin die Nahrung sein, Hippokrates

In den kommenden zehn Jahren verdoppelt sich nach Einschätzung der Weltgesundheitsorganisation WHO die Zahl der Diabetiker. Demnach leben in Deutschland im Jahr 2012 rund 12 Millionen Diabetiker. Momentan sind die Kosten ernährungsbedingter und ernährungsabhängiger Krankheiten einer der wichtigsten Kostenfaktoren im Gesundheitswesen. Schon jetzt wandert jede dritte Mark der Krankenkassen in die Therapie fehlernährungsbedingter Folgen. Die Kosten von 148,575 Milliarden DM im Jahr 2001 setzen sich wie folgt zusammen:

	Prozent	**Milliarden DM**
Herz-Kreislauf	39,4	58,53
Karies	24,2	35,95
Tumore	11,5	17,08
Diabetes	4,5	6,68
Alkoholismus	4,2	6,24
Lebererkrankungen	3,7	5,49
Pankreaserkrankungen	3,1	4,60
Lebensmittelinfektionen	1,6	2,37
Gallenerkrankungen	1,3	1,93
Struma	1,5	2,22

Fettstoffwechsel	1,6	2,37
Andere:	3,1	4,60

Die Ernährungsmedizin ist momentan in Deutschland kein Fach im Medizinstudium. Es wäre notwendig, diesen integralen Bestandteil der Medizin entsprechend zu verankern und Diätetik als Heilmittel anzuerkennen. Dafür ist auch die Schaffung entsprechender universitärer Einrichtungen erforderlich, die beispielsweise einen berufsbegleitenden Masterstudiengang für Diätassistenten (Master of dietetics) anbieten. In der Zukunft nehmen die fehlernährungsbedingten und –abhängigen Todesfälle zu. Zur Zeit sind 64 Prozent der Todesfälle in Deutschland direkt oder indirekt auf ernährungsbedingte und –abhängige Krankheiten zurückzuführen. Die Zukunft bringt mehr Prävention im Ernährungsbereich und gleichzeitig ein abgestuftes Prämiensystem im Bereich der ernährungsbedingten und -abhängi-gen Krankheiten. Übergewichtige Menschen müssen zukünftig einen Zuschlag auf die Krankenversicherungsbeiträge entrichten, wenn sie nicht abnehmen und die Präventionsmöglichkeiten ungenutzt lassen.

Expertenwissen kann nur dann etwas bewirken, wenn die Umsetzung von Ratschlägen (das sind Schläge ins Gesicht der Kunden ...) oder besser Empfehlungen leicht fällt. Bei Diätvorschriften (das heißt, es wird dem Kunden etwas vorgeschrieben und wer läßt sich schon gerne etwas vorschreiben) liegt die Compliance (wörtlich Gehorsamkeit - wir sollten also niemals Compliance einfordern, sondern Mitarbeit) nach Chr.-R. Weibach zwischen 8 und 29 Prozent. Weiß der Berater schon vor der Beratungseinheit, dass nur 10 oder 20 Minuten Zeit zur Verfügung stehen, schliesst sich eine Beratung ohnehin aus. Für einen dauerhaften Erfolg der Diät- und Ernährungsberatung sind die pädagogische Gestaltung des Patienten-Unterrichts, die Einbindung in die Diät- und Ernährungstherapie und den organisatorischen Gesamtablauf sowie eine gewisse Kenntnis der psychologischen Aspekte des Unterrichtens wesentlich. Diätassistenten und Diplom Oecotrophologen sind durch Ausbildung oder Studium oftmals unzureichend auf die Durchführung der Diät- und Ernährungsberatung vorbereitet. Jeder Unterricht und jede Beratungseinheit in der Einzel- oder Gruppenberatung muss geplant werden. Kontinuität, Reversibilität, Eindeutigkeit, Widerspruchsfreiheit und Angemessenheit liegen als Prinzipien auf allen Stufen der Planung. Diese Prinzipien gelten einheitlich auch für Schulungsteams. In Schulungsteams müssen alle Angehörigen des Teams den Prinzipien folgen. Grundlagen der Beratung:

Kontinuität:	Konsequente Verfolgung der Lehrerentscheidung.
Reversibilität:	Alle Lehrerentscheidungen müssen einer ständigen Reversion unterzogen werden.
Eindeutigkeit:	Klare Aussagen.
Widerspruchsfreiheit:	Didaktischen Entscheidungen müssen in sich stimmig sein und dürfen sich nicht widersprechen. Die Anwendung dieses Prinzips ist besonders wichtig in Schulungsteams.
Angemessenheit:	Die Lehraktivitäten sollten den jeweiligen, individuellen Lernzielen entsprechen und wissenschaftlich abgesichert sein.

Bisher hat die Beratung insbesondere in prophylaktischer Hinsicht versagt. Rational argumentative, an Zielgrößen orientierte Verhaltensaufforderungen bleiben in der Regel wirkungslos. Sie verstärken die Selbstzweifel beim Patienten und beeinträchtigen die Berater-Kunden-Beziehung durch ein fortgesetztes Erlebnis von Misserfolgen. Die prophylaktische Ernährungsberatung ist eine Verhaltensberatung. Sie gibt Informationen über den Sinn, das Ziel und die Technik der Ernährungsumstellung, motiviert zum dauerhaften Ändern des Ess- und Trinkverhaltens und observiert die Verhaltensänderung und Rückmeldung ihrer Folgen an den Patienten. Ernährungsberatung muss an den Ess- und Trinkbedürfnissen des Kunden orientiert sein. Diese gilt es in kleinen Schritten durch Training zu ändern. In der prophylaktischen Ernährungsberatung ist es notwendig, Hilfe zur Selbsthilfe als Ziel der Verhaltensberatung zu akzeptieren, Wünsche, Erfahrungen und Möglichkeiten des Kunden zu berücksichtigen und das Sozialverhalten der Kunden in die Beratungsgespräche einzubeziehen, wissenschaftliche Informationen in praktische Hinweise zu übersetzen, eine kundenverständliche Sprache und Gesprächsführung zu verwenden, der Beratung eine Verhaltensdiagnose vor an zustellen.

Der Diätassistent und Diplom Oecotrophologe spricht in der Diät- und Ernährungsberatung konkret von

- Essen, Trinken und Lebensmitteln und nicht über Nährstoffe,
- knapp und eindeutig über leicht einprägsame Empfehlungen,
- einfach auf das Wesentliche beschränkt,
- erklärend über leicht verständliche Modelle (beispielsweise der Staudamm zur Erläuterung der Nierenschwelle),
- fremdwortfrei,
- gegliedert und nach Wichtigkeit abgestuft (weniger ist mehr),
- interessant und motivierend
- und persönlich auf den Kunden bezogen.

Den Patienten dort abholen, wo er steht bedeutet, die individuellen Wünsche und Abneigungen des Kunden zu berücksichtigen (aber auch seine eigenen als Berater kennen), das Umfeld des Kunden kennen und beachten, den Alltag des Kunden kennen und beachten und den Bildungsstand des Kunden zu erkennen, zu beachten und die Sprache darauf abstimmen. Prinzipiell haben Fachausdrücke in der ersten Beratung nichts zu suchen. Lediglich bei chronisch Kranken kann es im Verlauf der Diätberatungen sinnvoll sein, Fachausdrücke, die allgemein in der Gruppe der Erkrankten benutzt werden, zu erläutern und anzuwenden (beispielsweise die "Hypo" bei Diabetikern). Es ist nicht sinnvoll, in der Beratung beispielsweise von Kohlenhydraten, mehrfach ungesättigten Fettsäuren oder Proteinen zu sprechen. Auch entbehrt es jeder Grundlage, ständig über Ernährung zu sprechen. Dem Kunden geht es darum, was er essen und trinken sollte und was eher zu meiden ist. Ein Berater, der selbst keine Freude und Genuß am Essen und Trinken hat, kann dies auch nicht vermitteln und wirkt auf den Kunden genußfeindlich und abschreckend. Essen sowie Trinken und Gesundheit sind untrennbar miteinander verbunden. Ausreichende Nahrung ist die Grundlage der Gesundheit. Sie ist die beste Medizin und beugt ärztlicher Intervention vor. Esskultur sowie Ernährungsberatung sind Schutzschild Nummer eins vor ernährungsbedingten Krankheiten. Die Diätberatung ist Therapie Nummer eins bei ernährungsbedingten Krankheiten. Die Summe der Ernährungsempfehlungen steigt ständig und nimmt für die Bevölkerung unüberschaubare Ausmaße an. Der Berater muss in jeder Beratung beachten, dass

- Kunde und Berater gleichwertig sind (Partnerschaft)
- Der Beratungsprozess problemorientiert gesteuert wird
- Sie seitens des Kunden freiwillig nachgefragt und der Rat angenommen oder abgelehnt werden können muss
- Sie partnerschaftlich und dialogorientiert durchgeführt werden muss
- Mehrere Lösungsvorschläge mit ihren Vor- und Nachteilen erarbeitet werden sollten und der Kunde die Auswahl seiner Lösung trifft

- Das Beratungsergebnis nicht vorher vom Berater festgelegt werden darf

Hinweise zur Gesprächsführung - Der Ton macht die Musik:

	müssen		können
statt und erfolglos	sollen nicht dürfen	besser und erfolgreicher	wollen möchten

Der Profi in der Diät- und Ernährungsberatung redet wenig, fragt viel und hört seinem Kunden aufmerksam zu !

Ziel der diätetischen Therapie des Diabetes mellitus ist die Verbesserung der Gesamtstoffwechselsituation, insbesondere die Optimierung der Glucosehomöostase, um die Lebensqualität der Patienten zu erhöhen und den diabetesbedingten akuten und chronischen Folgekomplikationen vorzubeugen. Trotz unbestreitbarer Fortschritte in der Diabetesforschung, -schulung und -therapie wird die Lebenserwartung von Diabetikern nach wie vor durch das Auftreten schwerer Folgeerkrankungen limitiert. Der Diabetes mellitus ist nach Angaben der Deutschen Diabetes Gesellschaft die häufigste Ursache für den Myocardinfarkt, die dialysepflichtige Niereninsuffizienz, die Erblindung und die Amputation der unteren Extremitäten. Mikro- und Makroangiopathie sind zu etwa 80 Prozent die Todesursache bei Diabetikern. Um das Risiko der diabetischen Folgekomplikationen zu reduzieren, ist die diätetische Therapie ein wesentlicher Bestandteil des Gesamttherapiekonzeptes bei Diabetes mellitus. Das gelegentlich auch heute noch propagierte Dogma „Die Diät ist die Grundlage aller Behandlungsformen des Diabetes mellitus" entbehrt für die Therapie des Typ 1 Diabetes seit 1922 jeglicher naturwissenschaftlicher Grundlage.

Aktuelle Nährstoffrelation bei Diabetes mellitus
• **10**-20 Prozent Protein
• **80**-90 Prozent Kohlenhydrate und Fett (< 10 EnProzent gesättigte Fettsäuren, max. 10 EnProzent mehrfach ungesättigte Fettsäuren und 60 bis 70 EnProzent aus einfach ungesättigten Fettsäuren und Kohlenhydraten)

Die diabetesgerechte Ernährung wandelt sich in der Ausrichtung von einer kohlenhydratberechneten Ernährung, die lediglich die Glucosehomöostase optimieren soll, zu einer Diätkostform, die reich an einfach ungesättigten Fettsäuren und ballaststoffreichen Kohlenhydraten ist. Diese Ernährungsweise reduziert die kardiovaskulären Risikofaktoren, bekämpft die Insulinresistenz und den Hyperinsulinismus. 60 bis 70 Prozent der Energiezufuhr sollten aus einfach ungesättigten Fettsäuren und Kohlenhydraten mit möglichst geringem glykämischem Index stammen.

Empfehlungen der Amerikanischen Diabetesgesellschaft (ADA)

Empfehlung	Nährstoffrelation	Metabolischer Effekt	Risiko
1921	70 En% Lipide	Blutglucose	Plasmatriglyzeride
	hypokalorisch		Dyslipidämie
			Arteriosklerose
			Ketoacidose
1986	55-60 En% Kohlenhydrate	Plasmatriglyzeride	Blutglucose
	(Polysaccharide, Ballast-		diabet.Folgekompli-
	stoffe) isokalorisch		kationen:
			- Mikroangiopathie

			- Makroangiopathie
1998	60-70 En% Kohlenhydrate	Blutglucose	?
	und MUFA, isokalorisch	Plasmatriglyzeride	

Ballaststoffe

Untersuchungen bestätigen, dass sich Ballaststoffe, insbesondere wasserlösliche, positiv auf die postprandiale Glucosekonzentration und die Insulinsezernierung auswirken. Die besten Erfolge wurden mit Guarkernmehl, einem wasserlöslichen Ballaststoff, erzielt. Ballaststoffe sind integraler Bestandteil der diätetischen Therapie des Diabetes mellitus. Die tägliche Ballaststoffzufuhr sollte 30 Gramm überschreiten.

Klassifizierung der Ballaststoffe

a) Nicht Kohlenhydrate (Bestandteile veganer Zellmembranen):	
■ Phytinsäure	
■ Wachse	Fibre associated substances
■ Silicate	
■ Lignin	
b) Nicht-Stärke-Kohlenhydrate:	
■ Cellulose	
■ Hemicellulose	
■ Pektine	
■ pflanzliche Speicherkohlenhydrate (z. B. Inulin)	
■ Pflanzengummen	
■ (Samen)Schleimstoffe	
■ Algenextrakte	
■ Cellulosederivate	dietary fibre
c) Potentielle Ballaststoffe:	
■ beispielsweise Resistente Stärke	

Zu den wasserlöslichen Ballastoffen (Quellstoffe) gehören Hemicellulose Typ a (ohne Glucuronsäure), Pektine, Pflanzengummen, Samenschleime, Meeresalgenxtrakte, Inulin und Fructo-Oligosaccharide. Wasserunlöslich (Füllstoffe) hingegen sind Lignin, Cellulose und Hemicellulose Typ b (mit Glucuronsäure). Die Füllstoffe haben vorwiegend gastrointestinale Effekte, während die Quellstoffe daneben noch metabolische Effekte ausüben. Die unstirred water layer ist eine Flüssigkeitsschicht, die die Oberfläche des Dünndarmepithels bedeckt und eine Barriere für die Diffusion bildet. Die Diffusionsgeschwindigkeit hydrophiler Partikel wird durch die Dicke der unstirred water layer beeinflusst und ist insbesondere abhängig vom Gehalt an wasserlöslichen Ballaststoffen der Nahrung. Die Resorption von Monosacchariden und die postprandiale Blutglucosesteigerung wird retardiert. Eine ballaststoffreiche Kost ist voluminös und relativ energiearm. Daher ist sie ideal zur Prophylaxe von Übergewicht geeignet. Ballaststoffe sind auch Bestandteile der Therapie der Adipositas und des Diabetes mellitus. In ihrer wasserlöslichen Form (inbesondere Plantago ovata Samenschalen) senken sie durch die Unterbrechung des enterohepatischen Kreislaufs der Gallensäuren auch den Cholesterinspiegel – inbesondere das LDL.

Ist Zink ein Bestandteil der adjuvanten Therapie des Diabetes mellitus ?

Das essentielle Spurenelement Zink ist an der Insulinspeicherung beteiligt. Zink ist Bestandteil des Insulins und wahrscheinlich auch für dessen Wirkung an der Zelle erforderlich. Die Zinkzufuhr in Deutschland ist suboptimal und liegt unterhalb der empfohlenen Aufnahmemenge von 12 bis 15 mg. Bei Diabetikern ist mit Zinkurie zu rechnen, die zu einer Zinkverarmung führen kann. Der Zinkspiegel im Serum liegt bei Diabetikern meist niedriger als bei Kontrollpersonen. Zink ist Bestandteil einer Vielzahl von Metalloenzymen und für die Aktivierung von Enzymen erforderlich. Hieraus erklärt sich die Bedeutung des Spurenelements für den Kohlenhydratstoffwechsel und die Glucosehomöostase. Zink ist verantwortlich für eine ökonomische Insulinfreisetzung nach erfolgtem Nahrungsmittelreiz. Bei Zinkmangel haben Typ 2 Diabetiker eine verminderte Insulinfreisetzung. Bei Altersdiabetikern ergibt sich unter Zinkgabe eine Aktivierung der verbliebenen Insulinproduktion nach mehrwöchige Zinkgabe und eine Stabilisierung der Blutzuckerwerte mit Abnahme des Nüchternblutzuckers und des Langzeitparameters HBA1c. Zink hat auch positive Effekte im Bereich der Wundheilung. Daher sollte eine Substitution auch beim diabetischen Gangrän erfolgen. Eine ideale Verfügbarkeit weist die Verbindung Zinkhistidin auf. Im Rahmen der Prophylaxe und Therapie des Diabetes ist die Einnahme von 15 bis 30 mg Zink täglich sinnvoll.

Ist Chrom ein Bestandteil der adjuvanten Therapie des Diabetes mellitus ?

Das essentielle Spurenelement Chrom ist in Form des Glucosetoleranzfaktors ein Aktivator der Insulinwirkung und wird für die optimale Glucosehomöostase benötigt. Chrommangel äußert sich in gestörter Glucosetoleranz. Bestandteile des Glucosetoleranzfaktors sind Chrom (III) als Zentralatom und die Liganden Nicotinsäure und die Aminosäuren Glycin und Glutamin. Der Glucosetoleranzfaktor soll die zirkulierenden Mengen an Glucose, Insulin und Glucagon nach Glucosebelastung reduzieren. Der safe an adequate daily intake für Chrom wird mit 50 bis 200 µg täglich angegeben. Die Zufuhr in Deutschland liegt unterhalb dieser Empfehlung und bei Diabetikern ist mit verstärkter Chromurie im Rahmen der Glucosurie oder der diabetischen Nephropathie zu rechnen. Chrom sorgt als Glucose-Toleranzfaktor für die rasche Entfernung von Glucose aus dem Blut. Bei Diabetikern liegt die Urinchromausscheidung zwei- bis mehrfach höher als bei gesunden Normalpersonen. In einer placebokontrollierten Blind-Studie des Medical Hospital and Resarch Centre in Moradabad in Indien nahm unter zusätzlicher Chromgabe der Blutzucker bei 54 Patienten von durchschnittlich 137 mg/dl auf 109 mg/dl ab. Die durchschnittliche Chromaufnahme liegt nach dem US-amerikanischen Food and Nutrition Board (amerikanische Gesellschaft für Ernährung) bei Männern bei 33 Mikrogramm und bei Frauen bei 25 Mikrogramm. Bei erwachsenen Diabetikern konnte die Diabeteseinstellung durch tägliche Gabe von 180-1000 Mikrogramm Chrom verbessert werden. Viele Befunde sprechen dafür, dass Chrom Beziehungen zum Kohlenhydrat- und Fettstoffwechsel hat, ohne dass die Wirkungsweisen detailliert bekannt sind. Chrom als Bestandteil des Glucosetoleranzfaktors kann bei Mangel zu Hyperglykämie und Hyperlipoproteinämie führen. Bei älteren Patienten mit einer Insulinresistenz wurde nach Gabe von Bierhefe als chromhaltige Substanz gelegentlich eine Verbesserung der Stoffwechsellage beobachtet. Im Rahmen der Prophylaxe und Therapie des Diabetes ist die Einnahme von 200 bis 400 µg täglich sinnvoll.

Aktuelle Empfehlungen zur diätetischen Therapie des Diabetes mellitus

Die neuen Empfehlungen für die diätetische Therapie des Diabetes mellitus geben an, die absolute Kohlenhydratmenge zugunsten der einfach ungesättigten Fettsäuren zu reduzieren, wobei die Kohlenhydratzufuhr in komplexer Form und ballaststoffreich geschehen sollte. In Anlehnung an die neueren US-Amerikanischen Empfehlungen der ADA und der europäischen Diabetesgesellschaft EASD zur diätetischen Therapie des Diabetes mellitus schliesst sich die Deutsche Diabetes Gesellschaft an und empfiehlt eine Kostform, deren Energiegehalt zum Großteil aus komplexen Kohlenhydraten und einfach ungesättigen Fettsäuren stammt. Die Liberalisierung zielt im wesentlichen darauf ab, die Zufuhr der tierischen, atherogenen gesättigten Fettsäuren zu reduzieren. Monoensäuren wie beispielsweise die Ölsäure sind nicht mit einem Arterioskleroserisiko behaftet und weniger oxidationsempfindlich als mehrfach ungesättigte Fettsäuren. Ölsäurereich sind beispielsweise Raps- und Olivenöl. Rapsöl hat den Vorteil, dass es neben reichlich Ölsäure auch ausreichend essentielle Fettsäuren liefert. Ein hoher Gehalt an einfach ungesättigten Fettsäuren und Polysacchariden erreicht beim gleichzeitig hohem Gehalt an wasserlöslichen Ballaststoffen eine verzögerte intestinale Glucose-Resorption. Nach H. Laube et al. ist Stärke nach wie vor das wichtigste Kohlenhydrat in der diabetesgerechten Ernährung.

Mehrfach ungesättigte Fettsäuren sind als Strukturelemente der zellulären Membranen sowie als Präkursorsubstanzen der Eicosanoide essentielle Nahrungsbestandteile. Sie unterliegen aber wegen ihrer Doppelbindungen leicht der Peroxidation. Als Folge treten morphologische und funktionelle Veränderungen der Zellmembran auf, die bei der Pathogenese von Gefäßerkrankungen eine bedeutende Rolle spielen. Die gesättigten Fettsäuren stellen unbestritten einen wesentlichen pathogenetischen Faktor der Arteriosklerose dar. Einfach ungesättigte Fettsäuren hingegen sind in der Lage, Serumtriglyzeride und VLDL-Cholesterin zu senken, das HDL-Cholesterin zu erhöhen und die Insulinsensitivität zu verbessern. Nachteilige Veränderungen des Fettstoffwechsels sind unter dem Einfluss von Monoensäuren nicht bekannt. Dies beruht unter anderem auf dem geringen Oxidationspotential. Zum anderen senken einfach ungesättigte Fettsäuren über einen vermutlich passiven Wirkmechanismus den Gesamt- und LDL-Cholesterin-Siegel. Die erhöhte Prävalenz kardiovasculärer Erkrankungen bei Diabetes mellitus rechtfertigt die Empfehlung für die Reduktion der gesättigten Fettsäuren. Die derzeitige Zufuhr ist in Deutschland deutlich überhöht und nicht akzeptabel. Gleiches gilt für Transfettsäuren. Die Transfettsäure-Aufnahme in Deutschland ist relativ gering. Diät- und Reformmargarine sind in Deutschland nahezu transfettsäurefrei.

Besonderheiten in der diätetischen Therapie des Typ 2 Diabetes mellitus
Dem Diabetes mellitus Typ 2 liegt zumeist ein metabolisches Syndrom auf dem Boden einer hyperkalorischen Ernährungsweise, Bewegungsmangel und einer genetischen Prädisposition zugrunde. Die diätetische Therapie des Typ 2 Diabetes mellitus zielt auf eine Körperfettmassereduktion ab und ist hypokalorisch, lipidmodifiziert, relativ kohlenhydratreich, ballaststoffreich sowie von moderatem Proteingehalt. Der Ziel-BMI liegt – altersabhängig - zwischen 20 und 28. Das relative Diabetesrisiko übergewichtiger Personen liegt nach Schneider (1996) bei 2,9. Die gesundheitlichen Konsequenzen der Gewichtsabnahme bei Diabetes mellitus Typ 2 beschreibt die Scottish Intercolligiate Guidelines Network (1996) in einer Senkung des Nüchternglucosewertes um 50 Prozent. Die Reduzierung des abdominellen Fettgewebes scheint der entscheidende Faktor für die Verbesserung der Diabeteseinstellung zu sein (International Obesity Task Force, 1997). Eine BE-Berechnung bei Typ 2 Diabetes mellitus ist im Gegensatz zur Kalorienberechnung nicht sinnvoll. Die Einhaltung von vielen kleinen Mahlzeiten bietet keinen Vorteil gegenüber einer Kost mit 3 bis 4 Mahlzeiten.

BMI als Grundlage zur Klassifikation der Adipositas

Gewichtsbewertung	BMI
Untergewicht	< 18,5
Normalgewicht	18,5 - 24,9
Übergewicht	25,0 - 29,9
Adipositas	30,0 - 39,9
Adipositas permagna	40 und mehr

Die Ernährungssituation in Deutschland führt zusammen mit der oftmals vorliegenden genetischen Prädisposition und dem allgemeinen Bewegungsmangel zu Diabetes mellitus Typ 2.

Fehlernährung in Deutschland - Verfügbare Mengen an Lebensmitteln pro Kopf und Tag (Deutschland 1994):

Istzustand	**Sollzustand**
Fleisch 255g	- 50 Prozent und geringerer Fettgehalt
Fisch 41 g	+ 100 Prozent, Seefisch
Milch 286 g	gleichbleibend – aber geringerer Fettgehalt
Käse/Quark 52 g	gleichbleibend – aber geringerer Fettgehalt
Eier 36 g	gleichbleibend
Butter 20 g	- 50 Prozent
Schlachtfette 11 g	weglassen
Margarine 20 g	reich an ein-/mehrfach ungesättigten Fettsäuren, frei von Transfettsäuren und arm an gesättigten Fettsäuren
Speiseöl 29 g	reich an ein-/mehrfach ungesättigten Fettsäuren
Getreideprodukte 201 g	+ 50 Prozent - ballaststoffreich
Hülsenfrüchte 2 g	ein Hülsenfruchtgericht wöchentlich
Kartoffeln 201 g	gleichbleibend, fettarm zubereitet
Stärke 2 g	gleichbleibend
Zucker 89 g	- 80 Prozent
Honig 3 g	gleichbleibend
Kakaomasse 5 g	gleichbleibend
Gemüse/Gemüsesäfte 218 g	+ 50 Prozent - schonend zubereitet
Obst/Zitrusfrüchte/Säfte 347 g	+ 20 Prozent - möglichst roh
Kaffee/Tee 17 g	gleichbleibend
Erfrischungsgetränke 512 g	zuckerfreie Lightgetränke
Bier 382 g	- 50 Prozent
Wein/Sekt 67 g	gleichbleibend
Trinkbranntwein 18 g	weglassen
95 g Protein	- 25 Prozent
134 g Fett	- 40 Prozent
349 g Kohlenhydrate	+ 15 Prozent
22 g Alkohol	< 12-15 g
23,9 g Ballaststoffe	+ 30 Prozent
974 mg Kalzium	gleichbleibend – in Risikogruppen 1/3 mehr Kalziumzufuhr über fettarme Milchprodukte
423 mg Cholesterin	- 55 Prozent

Der glykämische Index

Im Rahmen der Prophylaxe und Therapie des Diabetes mellitus spielt der glykämische Index nicht nur in der wissenschaftlichen Diskussion eine bedeutende Rolle. Die ersten Beschreibungen stammen von Otto, Bremen und P.A. Crapo (1976). Es zeigte sich, dass die Blutzuckerwirkung verschiedener Lebensmittel bei gleichem Kohlenhydratgehalt unterschiedlich ist. Die Wirkung der unterschiedlichen Nahrungsmittel und Speisen auf den Blutzuckerspiegel wird mit einem Standardprodukt – in diesem Falle Glucose (Traubenzucker) – verglichen. Teilweise wird auch Stärke als Vergleichswert herangezogen. Das begründet auch, die unterschiedlichen Angaben zum gleichen Lebensmittel. Leider ist der glykämische Index bisher kaum in die praktische Diabetologie eingezogen, da sich eigentlich nur die GI von Lebensmitteln, nicht aber die von Speisen bestimmen lassen. Die Blutzuckerwirksamkeit ist von extrem vielen Faktoren – beispielsweise Fettgehalt, Ballaststoffgehalt, Kaugrad, Zubereitungsgrad, Flüssigkeitsaufnahme ... – abhängig.

$$\text{Glykämischer Index (GI)} : \frac{\text{Blutzuckeranstieg nach Testnahrungsmittel}}{\text{Blutzuckeranstieg nach äquivalenter Menge von Glucose}} \times 100$$

Der glykämische Index verschiedener Nahrungsmittel (Referenzwert Glucose):

Glucose	100
Maltose	110
Sacharose	59
Fruktose	20
Gek. Möhren	85 - 92
Honig	87 - 90
Cornflakes	80
Weißer Reis	72
Gek. Kartoffeln	70
Weißbrot	69
Weizenvollkornbrot	40
Fertigmüsli	66
VK-Müsli ohne Zucker	50
Haferflocken	49
Joghurt	36
Vollmilch	34
Schokolade	22
Frisches Gemüse (z. B. Tomaten)	< 15

Am glykämischen Index zeigt sich, warum Weißmehlprodukte für Diabetiker ungeeignet sind. Ihr glykämischer Index ist deutlich schlechter zu bewerten als der von Saccharose. Der Ballaststoffgehalt und der Verarbeitungsgrad sind wichtige Gradmesser in der Blutglucosewirksamkeit. Der glykämische Index steigt durch die Zubereitung von Lebensmitteln, beispielsweise Kochen, und durch stärkere Verarbeitung (beispielsweise Kartoffelpürree aus Kartoffelpürreeflocken). Der GI sinkt bei einer gemischten Mahlzeit in Abhängigkeit vom Fettgehalt durch die Veränderung der Magenentleerungszeit. Flüssiges verläßt den Magen prinzipiell rascher als ^Festes. Unerhitzte, unverarbeitete und ballaststoffreiche Nahrungsmittel haben im Allgemeinen einen niedrigen glykämischen Index.

Im Rahmen des Diabetes Prevention Program (NEJM, Feb 7, 2002, 346, 393-403) zeigt sich, dass durch eine Gewichtsreduktion in Kombination mit einem Bewegungsprogramm 58 Prozent weniger Diabetes mellitus Fälle gesamt und 71 Prozent weniger in der Gruppe der über 60jährigen auftraten. Ernährungs- und Bewegungstherapie waren zweimal wirksamer als Metformin.

Gruppen im Diabetes Prevention Program:

a) Placebo
b) 850 mg Metformin
c) 7prozentige Gewichtsreduktion zuzüglich 150 min Bewegung/Woche

Zur Prävention des Typ 2 Diabetes mellitus sind Aufklärung, Verhaltenstherapie, Bewegungstherapie, Diätetische Therapie (500 bis 700 kcal Energieeinsparung täglich) inklusive eventuell Food Replacement und medikamentöse Therapie notwendig. Die Industrie müsste mehr gesunde Lebensmittel mit weniger Transfettsäuren, gesättigten Fettsäuren und kalorienhaltigen Süßungsmitteln mit einem niedrigem glykämischen Index produzieren. Es müsste mehr Lebensmittel geben, die eine niedrige Energiedichte und einen niedrigen glykämischen Index bei normaler Portionsgröße haben. Das ist notwendig, da die Nahrungsenergiezufuhr zu rund 2/3 aus fertigen Speisen oder Fast-Food stammt. Auch ist es notwendig, Lebensmittel entsprechend zu kennzeichnen. In den USA zeigt sich, dass Label zur Auszeichnung von gesunden Lebensmittel funktionieren. Es gibt verschiedene Health Claims:

1) Low fat
2) Low calory
3) High fibre
4) High calcium

Leider gibt es in der BRD im Vergleich zu den USA keine Kampagnen hinsichtlich „gesündere Lebensmittel". Kampagnen für gesunde Lebensmittel, die medienwirksam – weil positiv belastet - sind, beispielsweise Milch, lassen sich umsetzen. Durch die Ausgabe von einem Dollar für PR erhöhte sich in den USA beispielsweise der Milchkonsum um 23,5 Liter jährlich pro Person. In einer anderen Studie in den USA (CSPI) ergab ein Etat von 24.000 Dollar ein Mehrkonsum fettarmer Milch von 18 Prozent auf 41 Prozent in einer 7-Wochen-Kampagne. Interventionsbedarf besteht insbesondere bei zuckerhaltigen Softdrinks. Der Konsum davon hat in den USA von 1977/78 bis 1994/98 um 76 Prozent (bei Jungen) zugenommen. In Deutschland ist mit einem ähnlichen Entwicklungsstand zu rechnen. Kinder und Jugendliche sollten entweder Mineralwasser oder süßstoffgesüßte Softdrinks trinken. In den USA stammen bei Kindern und Jugendlichen inzwischen 8 bis 10 Prozent der zugeführten Energie aus Softdrinks.

BMI	**Beurteilung**	**Prozentualer Anteil in der Bevölkerung**
< 18,5	Untergewicht	2,4 Prozent
18,5 - 24,9	Normalgewicht	49,8 Prozent
25 - 29,9	Übergewicht Grad I (moderates Übergewicht)	36,2 Prozent
30 - 40	Übergewicht Grad II (schweres Übergewicht oder Adipositas)	11 Prozent
> 40	Übergewicht Grad III (morbide Adipositas)	0,5 Prozent

Quelle: Statistisches Bundesamt, 2002, Wiesbaden

Bedauerlich ist, dass in den Industrieländern über eine Portionsvergrößerung zu beobachten ist, nur nicht bei Obst und Gemüse. Die Tendenz bei Portionsgrößen und Energiedichte steigt. Im Rahmen der Adipositastherapie ist es ernährungsmedizinisch ausreichend, eine Gewichtsreduktion von 10 Prozent vom Ausgangsgewicht zu erreichen. Übergewichtprävention:

- TV weniger
- Bewegung mehr
- Weniger Kalorien
- Niedriger Glykämischer Index / Glykämische Ladung
- Reichlich Ballaststoffe
- Wenig gesättigte Fettsäuren/Transfettsäuren
- Kleine oder normale Portionen
- Niedrige Energiedichte

Aus psychologischer beziehungsweise verhaltenstherapeutischer Sicht ist es ein großes Problem, dass ernährungsmedizinisch in der Regel eine Gewichtsreduktion von 10 % (vom Ausgangsgewicht) ausreichend wären und doch der Adipöse als Ziel eine Gewichtsabnahme von 32 % (nach J. Foreyt) setzt. Dieses mißverhältnis macht eine partnerschaftliche Therapie schwierig. Es wäre erforderlich stärker zwischen „kosmetischem" und „medizinisch relevanter" Adipositas zu unterscheiden. Die Behandlung des Übergewichts oder der Adipositas bedeutet immer gleichzeitig auch eine Behandlung der assoziierten Begleiterkrankungen. Selbst eine Gewichtsreduktion von 5 bis 10 % (vom Ausgangsgewicht) führt zu Reduktion der Ausprägung der Hypertonie, des Diabetes mellitus Typ 2 und der Dyslipoproteinämie. Damit reduzieren sich die Eckpunkte des metabolischen Syndroms durch eine relativ geringe Gewichtsreduktion. Das Diabetes Prevention Program zeigte, dass eine 7 prozentige Gewichtsabnahme das Risiko einen Typ 2 Diabetes zu entwickeln um 58 Prozent reduziert.

Zusammenfassung: Der Typ 2 Diabetes mellitus ist praktisch immer durch Insulinresistenz und ein relatives Insulinsekretionsversagen (mangelhafte pp Insulinsekretion, Hyperinsulinämie) gekennzeichnet. Die Insulinresistenz, die ein Auslöser des metabolischen Syndrom ist, ist durch eine Ernährungstherapie mit wenig gesättigten Fettsäuren zu mindern. Einfach ungesättigte Fettsäuren und Omega-3-Fettsäuren sind ein wichtiger Bestandteil der Prävention diabetesbedingter Folgekomplikationen im Bereich des Cardiovasculären Systems. Eine Kost, die reich an Kohlenhydraten mit einem niedrigen glykämischen Index ist, geht mit einer Verminderung des HBA1(c) und Blutlipiden einher. Bisher essen nach Angaben von M. Toeller-Suchan (EU 49 (2002) Heft 4) nur 50 % der Diabetiker täglich einmal 1 Stück Obst und nur 15 % nehmen Obst häufiger als einmal täglich zu sich. Gemüse verzehren nur 40 % der Diabetiker täglich. Nur knapp die Häfte der Diabetiker verzehrt eine wöchentliche Fischmahlzeit. Durch Fehlernährung gehen jährlich in Deutschland 4,5 Millionen Lebensjahre verloren, mehr als 30 Prozent der Ausgaben im Gesundheitswesen rufen ernährungsbedingte Krankheiten hervor und 64,3 Prozent der Todesfälle in Deutschland sind begründet in ernährungsbedingten Krankheiten. Rund 95 Prozent der Diabetiker leiden an Typ 2 Diabetes mellitus und hier ist nachweislich eine Prävention möglich. Bei Typ 1 Diabetes sind die Präventionsmöglichkeiten eingeschränkt. Zur Typ 2 Diabetes-Prävention gehören Bewegungs- und Ernährungstherapie, da eine Insulinresistenz durch das Zusammentreffen von genetischen und (beeinflussbaren) sekundär erworbenen Faktoren entsteht. Erfolgt eine Prävention bereits im Stadium des „metabolischen Syndroms" folgt auf die pathologische Glucosetoleranz keine Manifestation des Diabetes mellitus Typ 2. Bisher bleiben nach J. Foreyt (Nutrition Research Clinic, Houston, Texas, USA) in der Prophylaxe und Therapie des Übergewichts psychologische Komponenten zur Verhaltensänderung weitgehend unbrücksichtig. Auch die Ausbildung zum Diätassistenten oder das Studium der

Oecotrophologie oder Ernährungswissenschaft haben hier noch Defizite, sodass die Beratung durch Diätassistenten, Diplom Oecotrophologen oder Ernährungswissenschftliche Komponenten ebenfalls zu wenig berücksichtigt.

Autor:
Sven-David Müller, M.Sc.
Mater of Science in Applied Nutritional Medicine (Angewandte Ernährungsmedizin)
Staatlich anerkannter Diätassistent
Diabetesberater DDG
Zentrum für Ernährungskommunikation, Diätberatung und Gesundheitspublizistik (ZEK)
Haddamshäuser Weg 4a
35096 Weimar an der Lahn
www.svendavidmueller.de
diaetmueller@web.de

Literatur:
Beim Verfasser